JESÚS GONZÁLEZ LÓPEZ

FENOLOGIA DO FIGO (Ficus carica L.) COM DEFICIÊNCIA HÍDRICAINDUZIDO

JESÚS GONZÁLEZ LÓPEZ

FENOLOGIA DO FIGO (Ficus carica L.) COM DEFICIÊNCIA HÍDRICAINDUZIDO

PELA IRRIGAÇÃO POR GOTEJAMENTO

ScienciaScripts

Imprint

Any brand names and product names mentioned in this book are subject to trademark, brand or patent protection and are trademarks or registered trademarks of their respective holders. The use of brand names, product names, common names, trade names, product descriptions etc. even without a particular marking in this work is in no way to be construed to mean that such names may be regarded as unrestricted in respect of trademark and brand protection legislation and could thus be used by anyone.

Cover image: www.ingimage.com

This book is a translation from the original published under ISBN 978-613-9-46565-1.

Publisher:
Sciencia Scripts
is a trademark of
Dodo Books Indian Ocean Ltd. and OmniScriptum S.R.L publishing group

120 High Road, East Finchley, London, N2 9ED, United Kingdom
Str. Armeneasca 28/1, office 1, Chisinau MD-2012, Republic of Moldova, Europe
Printed at: see last page
ISBN: 978-620-8-30051-7

AGRADECIMENTOS

À Benemérita Universidad Autónoma de Puebla e à Facultad de Ciencias Agrícolas y Pecuarias por terem sido a minha segunda casa nestes anos de estudo e por me terem dado a oportunidade de crescer profissionalmente, levo comigo grandes experiências académicas e pessoais.

Agradeço ao meu diretor de tese, Dr. Luís António, por me ter proporcionado as ferramentas e o apoio para realizar o meu trabalho de investigação, aprendi muito consigo a nível académico e pessoal.

Agradeço aos meus orientadores, Dra. Carmela, Dr. Sigfrido e M. C Fabiel, por me terem ajudado a esclarecer as dúvidas que tive durante o processo de investigação e por me terem disponibilizado o seu tempo sempre que precisei.

ÍNDICE GERAL

RESUMO

A figueira *(Ficus carica* L) é uma cultura que, apesar de ser muito remota e utilizada durante muito tempo como espécie não comercial, tem vindo a ocupar gradualmente o seu lugar na produção mundial. O México tem as condições climáticas e as vantagens para se tornar um produtor importante a nível internacional, no entanto, a sua produção anual é baixa e isto pode dever-se, entre outras coisas, à falta de informação e experimentação sobre a influência da irrigação na produção desta espécie. A nível mundial, tem-se feito investigação sobre o défice hídrico no rendimento e na qualidade dos frutos, mas a influência que tem no desenvolvimento fenológico da cultura tem sido ignorada. O objetivo desta pesquisa foi avaliar a fenologia de vitroplantas e plantas por estaca de figo com déficit hídrico induzido por irrigação por gotejamento em estufa com um arranjo fatorial 3x2 resultando em 6 tratamentos; T1 In vitro 2,3 mm/dia, T2 Estaca 2,3 mm/dia, T3 In vitro 1,7 mm/dia, T4 Estaca 1,7 mm/dia, T5 In vitro 1,1 mm/dia, T6 Estaca 1,1 mm/dia. Foram avaliados o diâmetro e altura do caule, GDD da poda à brotação, terceira folha, quinta folha, emergência de frutos e número de frutos. A variedade utilizada foi a Bellavista, proveniente de estacas de plantas maduras e de vitroplantas obtidas no laboratório de cultura de tecidos. Foram estabelecidas no solo em janeiro de 2023 em condições de estufa. As vitroplantas apresentaram maior precocidade nas fases de brotação, terceira e quinta folhas, enquanto as estacas apresentaram maior vigor vegetativo e maior número de frutos.

Palavras chave: *Ficus carica,* fenologia, vitroplantas, défice hídrico, precocidade.

I. INTRODUÇÃO

O género Ficus pertence à ordem Urticales, família Moraceae, tribo Ficeae. A figueira *(Ficus carica* L.) é originária da zona mediterrânica do sudoeste da Ásia. Supõe-se que tenha sido a primeira planta a ser domesticada pelo homem (Kisley *et al.,* 2006).

A nível internacional, foi efectuada investigação sobre o efeito do défice hídrico no rendimento e na qualidade dos frutos do figo e de outras culturas, como no norte da China para o trigo, onde se conseguiu uma poupança de água de até 25%; na Índia, para as culturas de amendoim, verificou-se que a produtividade aumenta com a indução de défice hídrico na fase vegetativa (20 a 45 dias após a sementeira "DDS"); na Austrália, para as árvores de fruto, a aplicação de irrigação com défice controlado produziu um aumento da produtividade hídrica de até 60%, com melhorias na qualidade dos frutos e sem perda de produtividade (FAO, 2011). No caso das figueiras, foram efectuados estudos em diferentes cenários de gestão para tornar o uso da água mais eficiente. Por exemplo, o uso de mulch plástico (Rodríguez e Valdez, 1999) e altas densidades de plantação têm sido dois sistemas que têm cumprido este objetivo (De Sousa, 2013; Rivera *et al.,* 2016). Recentemente Rivera *et al.* (2016) determinaram as necessidades hídricas da figueira e os coeficientes de cultura (Kc) para os diferentes meses do ano em pomares de figo estabelecidos em sistemas de produção intensivos (2.000 p/ha^{-1}) e irrigação por gotejamento, a fim de programar a irrigação de forma mais eficiente. Estes estudos mostram a importância da irrigação deficitária na agricultura atual, no entanto, estas técnicas devem ser testadas numa base regional, a fim de implementar acções eficientes de gestão da água dentro de uma determinada área, para além do facto de que a resposta à produtividade das culturas depende em grande parte das condições climáticas.

O território mexicano tem vantagens climáticas que poderiam colocá-lo como um importante produtor internacional de figos, acima de países que não têm essas vantagens e colocá-lo como um dos principais exportadores, no entanto, a produção no país é baixa e isso pode ser devido, entre outras coisas, à pouca informação e experimentação que existe sobre a influência da irrigação na produção desta espécie.

Têm sido envidados esforços para obter rendimentos máximos por unidade de volume de água aplicada numa base local por área. Isto resultou em estratégias de gestão da água como a irrigação deficitária, em que o fornecimento de água é inferior às necessidades hídricas da cultura e permite uma ligeira escassez durante as fases de desenvolvimento em que a cultura é menos sensível à deficiência hídrica. É o caso do figo, que, embora seja uma cultura com baixas necessidades hídricas, também é verdade que o seu mercado e investigação a nível nacional são pouco explorados.

A população mundial está a crescer exponencialmente, estimando-se que em 2050 será de 9,7 mil milhões, um crescimento de mais de 2 mil milhões em cerca de 30 anos, o que criará uma enorme procura de alimentos e exercerá uma forte pressão sobre os recursos naturais, pelo que será necessário produzir mais com os mesmos recursos. A propagação *in vitro* é utilizada para a produção em massa ou para armazenar material vegetal para utilização posterior (Rojas *et al.,* 2004).

A propagação de plantas in vitro é mais rápida, outra vantagem é que podem ser propagadas em qualquer data e podem estar livres de agentes patogénicos. No entanto, os custos deste método são mais elevados e as plantas podem demorar mais de 2 anos a começar a produzir, enquanto as plantas propagadas "por estaca" podem começar a produzir em menos de um ano (Demiralay *et al,* 1998).

Por outro lado, o défice hídrico tem um efeito não só no rendimento, mas também nos estádios fenológicos, no vigor vegetativo, nas épocas de colheita e nos caracteres tropicais (Fischer e Maurer, 2012).

Como já foi referido, para esta cultura não existe informação suficiente sobre a experimentação de rega associada aos estádios fenológicos e ao modo de propagação, bem como sobre a resposta da cultura a tratamentos relacionados com a lâmina de rega disponível numa determinada região.

II.   OBJECTIVOS

2.1. Objetivo geral

Avaliar a fenologia de vitroplantas e plantas por estaca de figo com défice hídrico induzido por rega gota a gota e sistema de produção intensivo.

2.2. Objectivos específicos

1. Comparar o desenvolvimento vegetativo de plantas propagadas por estacas e vitroplantas, submetidas a um défice hídrico induzido por rega gota a gota e a um sistema de produção intensivo.

2. Determinar a acumulação de graus-dia de desenvolvimento de plantas propagadas por estacas e plantas in vitro, submetidas a um défice hídrico induzido por rega gota a gota e num sistema de produção intensivo.

III.   HIPÓTESE

A variação dos níveis de água durante o crescimento do figo afecta o momento do início dos estádios fenológicos, bem como a duração do ciclo da cultura.

IV.   REVISÃO DA LITERATURA

4.1 Origem

A cultura do figo *(Ficus carica* L.) é nativa do continente asiático e espalhou-se pelas zonas mediterrânicas antes de se estabelecer nas Américas (Pereira *et al,* 2015).

Caracteriza-se pela sua versatilidade de adaptação a vários climas e solos, bem como por ser tolerante à seca e à salinidade, no entanto os melhores rendimentos ocorrem em climas secos e quentes durante o verão e húmidos no inverno (El-Shazly *et al.,* 2014). Por conseguinte, pode dizer-se que o figo é uma cultura de zonas áridas e semi-áridas.

4.2. Distribuição

Os principais produtores são o Egito e a Turquia, com 300 mil e 168 mil t/ano-1, respetivamente, enquanto o México ocupa o 19.º lugar, com uma produção de 7 mil t/ano-1, numa área de 1340 ha localizada principalmente nos estados de Morelos e Baja California Sur, com um rendimento de 5,2 t/ha (FAO, 2018).

Na Comarca Lagunera de Durango existe um total de 22 ha de figueiras, com sistemas de produção tecnificados; têm irrigação tecnificada, macro-túneis para evitar danos causados pelo frio no inverno, plantação de produção intensiva (2500 árvores) e poda anual e poda verde para manter a copa das árvores compacta (SIAP, 2019). ha^{-1}) e poda verde anual para manter a copa das árvores compacta (SIAP, 2019).

4.3. Importância económica

4.3.1. Importância económica mundial

Atualmente, os principais países produtores, como o Egito, a Turquia e a Argélia, estão situados no Mediterrâneo, tendo-se estabelecido bem em países como os EUA, o Brasil, a China, a África do Sul, o Japão e o México (FAO, 2018).

Em 2018, a cultura do figo foi registada em 53 países, indicando uma área colhida de 218 729 ha e um rendimento médio de 6,5 ton/ha (FAOSTAT, 2020).

Em 2019, a produção obtida de figos no mundo foi de 1.315.588 toneladas, com uma área colhida de 289.818 hectares, pelo que o rendimento médio global foi de 4,5 toneladas por hectare (INTAGRI, 2020).

4.3.2. Importância económica nacional

Existem cerca de 1220 ha no México e uma produção estimada de 6000 toneladas, avaliada em 47 milhões de pesos. Os maiores produtores são Morelos, Puebla, Hidalgo e Baja California Sur, sendo Morelos o maior produtor com 57% da produção nacional (Hidroponia, 2015). Os 783,5 hectares produzidos por ano no estado de Morelos registam rendimentos de até 5,4 toneladas por hectare, o que origina 3.713, ou seja, mais de 31 milhões de pesos por ano (SADER, 2019).

4.4. Descrição morfológica

A figueira *(Ficus carica* L.) é uma planta de crescimento baixo, com uma altura de 3 a 10 m, pertence à família das Moraceae e ao género Ficus, neste género existem mais de 500 espécies, a maioria das quais são plantas ornamentais e algumas são espécies frutíferas de climas tropicais. A figueira é uma árvore com um sistema radicular robusto que, em condições adequadas, é bastante superficial (20 a 40 cm de profundidade) e a uma distância horizontal de cerca de 15 m. O caule não é muito alongado. O caule não é muito alongado, pois tende a ser arbustivo e próximo do solo. Tem gomos terminais e axilares; as folhas são geralmente grandes, entre 10 e 20 cm, com uma espessura de 3 a 7 mm, o sicónio envolve as flores e tem um orifício de saída denominado ostilo. Os frutos verdadeiros são chamados aquénios, têm uma estrutura dura e são pequenos (1 mm). Existe um recetáculo chamado aquénio que envolve o fruto (Lucero, 2018).

4.5. Fenologia do figo

A fenologia pode ser definida como o estudo da relação entre os factores climáticos e os ciclos dos seres vivos (Elias e Castelvi, 2001).

De Cara *et al.* (2007) indicam que a fenologia é o ramo científico que analisa os processos e períodos biológicos periódicos que estão relacionados com o clima e o curso da atmosfera num local específico.

Não existe literatura fiável sobre a fenologia dos figos, foram feitas comparações utilizando espécies semelhantes, conseguindo classificar 5 fases fenológicas dos figos. Fase 1: inchaço dos gomos, fase 2: aparecimento das primeiras folhas, fase 3: aparecimento dos frutos ou sicones, fase 4: maturação dos frutos, fase 5: início da queda das folhas (Pucha, 2016).

4.6. Propagação da cultura do figo

4.6.1. Propagação sexual

A figueira também pode ser propagada sexuadamente, obtendo-se sementes botânicas para formar mudas, mas com essa forma de propagação a planta frutifica pelo menos 10 anos após o plantio (Mendoza, 2019).

4.6.2. Propagação assexuada

Este tipo de propagação baseia-se na multiplicação da planta com material vegetal da mesma planta, que pode ser estacas, raízes e folhas, entre outros (Gárate, 2010), o que ajuda a conservar os genótipos e a ter indivíduos idênticos e até geneticamente melhorados (Ortuño, 2017). As formas mais utilizadas deste tipo de reprodução são a estratificação na zona aérea do figo e as estacas de plantas maduras.

4.7. Necessidades de água

A figueira varia entre 700 e 800 mm por ano (Melgarejo, 2000).

É a raiz que define se a planta será ou não resistente ao estresse hídrico quando atingir a fase de primórdios dos frutos, pois a disponibilidade de água para o sistema radicular determinará frutos ocos ou carnosos e de qualidade (Tumut, 2002), enquanto que o excesso de água nesse período faz com que os frutos rachem devido à pressão interna (Lobos, 2017).

O figo tem uma elevada tolerância à escassez de água, tendo mesmo demonstrado um bom desenvolvimento vegetativo em zonas com até 80 mm/ano, no entanto nestas circunstâncias não produz frutos (De Sousa, 2013; Rivera *et al.,* 2016),

4.8. Défice hídrico

Ocorre quando a necessidade de água é maior do que a quantidade utilizada num determinado período de tempo, ou quando factores externos e internos não permitem que a água esteja disponível devido à qualidade da água, a irrigação é programada com um espaçamento demasiado apertado ou calculada como défice para um desenho experimental ou para determinar a versatilidade do solo para reter e a procura da cultura, o solo ou a água de irrigação podem ser salinos limitando a absorção de água pela cultura e podem ter um mau arejamento ou estar inundados impedindo a absorção de água (FAO, 2006).

4.9. Questões gerais relacionadas com a água

4.9.1. Capacidade de campo

A quantidade de água num solo saturado 48 horas após a percolação. Os poros maiores do que o,05 mm ajudam a água a escoar, mas os poros mais pequenos também podem participar na percolação da água no solo. O termo capacidade de campo é válido apenas em solos com boa estrutura e drenagem rápida (FAO, 2000).

4.9.2. Ponto de murcha permanente

Refere-se ao teor de água de um solo que perdeu toda a sua água para a cultura e, por conseguinte, a água que permanece no solo não está disponível para a cultura. Nestas condições, a cultura está permanentemente murcha e não consegue reviver quando colocada num ambiente saturado de água. Ao contacto manual, o solo parece quase seco ou muito ligeiramente húmido (FAO, 2000).

4.9.3. Evapotranspiração

A evapotranspiração (ET) é a quantidade de água perdida pela cultura que deve ser substituída pela irrigação. É normalmente medida ou estimada em mm dia^{-1} ou mm mês^{-1} (Allen *et al.*, 1989). A quantificação da ETo (evapotranspiração potencial ou de referência) pode ser feita por métodos diretos ou indirectos. Os métodos indirectos mais comuns para determinar a evapotranspiração de referência são: Evaporímetro de balde ou tanque (Pereira *et al.*, 1995).

4.10. Gestão da água nos figos

A cultura do figo tem necessidades hídricas bastante reduzidas em comparação com outras culturas, pelo que a utilização de um sistema de rega localizada é uma opção muito viável para a gestão e otimização dos recursos hídricos. Sugere-se a utilização do sistema de fertirrigação, com o qual é possível obter altas produtividades, considerando que o figo necessita em média de 700 litros de água por ano para um bom desenvolvimento e qualidade dos frutos. Com este sistema é possível manter, através de rega programada, um nível ótimo de humidade. É importante contar com o aconselhamento de pessoal formado em gestão da água. Além disso, considerando que esta espécie se desenvolve bem em zonas semi-áridas, é necessário encontrar uma forma de obter e otimizar a água, uma vez que nas regiões de clima favorável ao figo não existem recursos hídricos abundantes, sendo necessário recorrer a poços de rega e a todo um sistema hidráulico que possa abastecer as diferentes culturas de cada região (Flores, 1990).

4.11. Fig. irrigação

Em termos de necessidades hídricas, o figo não é muito exigente, mas quando os principais locais de produção sofrem longos períodos de seca, é necessário abastecer a cultura com água através de um sistema de rega localizada (Costa, 2019).
O momento da irrigação está sujeito a factores como o vigor vegetativo, o tamanho, o solo e a precipitação (Flaishman *et al.*, 2002). Quando a maturação dos frutos começa, é melhor evitar a irrigação frequente ou abundante, pois pode levar à podridão e à má qualidade pós-colheita (Costa, 2019). O aumento drástico da taxa de irrigação durante o amadurecimento fará com que os frutos rachem (Melgarejo, 2000). Se a rega for aumentada no verão, pode provocar um maior crescimento vegetativo, o que pode afetar a qualidade dos frutos. Um

solo saturado pode levar a frutos grandes e demasiado regados, resultando em podridão e murchidão (Flaishman *et al.*, 2002).

4.12. Graus dias de desenvolvimento

Conhecer o período de cada estádio fenológico e a influência dos factores climáticos é essencial para obter melhores resultados (Prabhakar *et al*, 2007). Neste contexto, a temperatura é o fator climático mais importante na fenologia das plantas. As unidades de calor ou graus-dia de desenvolvimento são a variável mais utilizada para determinar os estádios das plantas (Qadir *et al.*, 2007/Reamar utilizou o termo unidades de calor em 1970 e deu origem a diferentes formas de calcular este fator. O conceito de unidades de calor, medido em graus-dia de desenvolvimento (GDD), melhorou a descrição e a previsão dos eventos fenológicos das plantas, em comparação com outras abordagens como a época do ano ou o número de dias (Cross e Zuber, 1972; McMaster, 1992). O método mais comummente utilizado para calcular os GDD é o método residual, com a seguinte equação:

$$GDD=((Tmax-T\ min)/2)-Tb$$

Tmax= temperatura máxima diária, Tmin= temperatura mínima e Tb é a temperatura de base da cultura. Esta última varia frequentemente consoante as espécies e as culturas. Esta equação indica a energia sob a forma de calor recebida pela cultura num determinado período de tempo (McMaster e Wilhelm, 1997). Foram sugeridas modificações à equação para aumentar o significado biológico do método, tais como a incorporação de uma temperatura limite máxima ou funções de outros factores ambientais que afectam a fenologia (McMaster *et al*, 1992).

V.   MATERIAIS E MÉTODOS

5.1. Localização da experiência

A investigação foi efectuada na estufa da Facultad de Ciencias Agrícolas y Pecuarias da Benemérita Universidad Autónoma de Puebla campus Teziutlán (Figura 1). Localização geográfica nos paralelos 19° 47' 06" e 19° 58' 12" de latitude norte e 97° 18' 54" e 97° 23' 18" de longitude, a 1607 m acima do nível do mar.

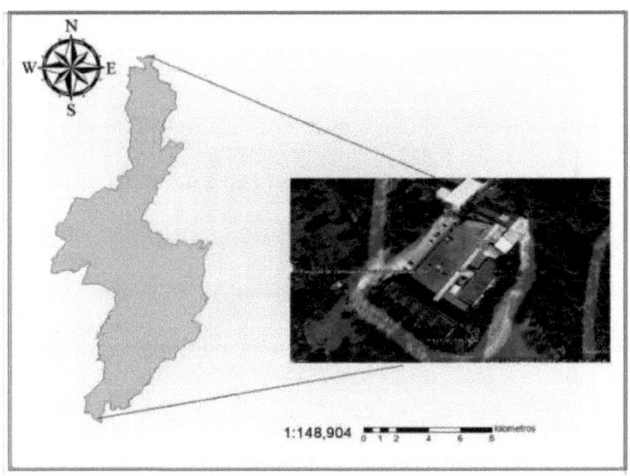

Figura 1: Localização da experiência

5.2. Material vegetal

O material vegetal utilizado foram plantas propagadas por estacas e vitroplantas do laboratório de cultura de tecidos da faculdade, a variedade utilizada foi a "Bellavista" devido à sua vantagem económica e à sua adaptação a sistemas de produção intensivos. As plantas utilizadas tinham estado no viveiro durante quatro meses e foram estabelecidas no solo em janeiro. Foram mantidas em estufa com rega localizada. Tratando-se de um sistema intensivo, a distância entre plantas era de 0,60 m e de 1,60 m entre linhas, com uma densidade de 10.400 plantas- .ha^{-1}.

5.3. Montagem e realização da experiência

A experiência foi realizada durante o ciclo fenológico da cultura até ao início da fase reprodutiva, de abril a outubro de 2023. Em abril, as plantas foram podadas a fim de gerar e selecionar seis caules produtivos para o novo ciclo e eliminar os rebentos basais ou laterais durante o seu desenvolvimento. Para a nutrição das plantas, durante o estabelecimento da cultura, foi realizada uma adubação de fundo com 100 g de Triple-17, e um quilograma de composto, e depois foi fornecida a seguinte formulação em mg/L de 940 de nitrato de cálcio, 200 de nitrato de potássio, 340 de sulfato de potássio, 55 de fosfato monoamónico, 490 de sulfato de magnésio, 15 de sulfato ferroso, 4 de sulfato de manganês, 4.5 bórax, 0,4 sulfato de cobre, 0,4 sulfato de zinco, ajustando o pH para 5,6. Esta solução nutritiva foi aplicada por rega, respeitando sempre o défice hídrico em cada tratamento.

5.4. Conceção experimental

O desenho experimental utilizado foi um bloco completamente aleatório com arranjo fatorial, em que o primeiro fator consistiu nas taxas de irrigação: 2,3, 1,7 e 1,1 mm por dia, e o segundo nos dois tipos de plantas: vitroplantas e estacas. A unidade experimental era constituída por cinco plantas.

5.5. Tratamentos

De acordo com as necessidades hídricas da cultura estabelecidas por Muñoz *et al.* (2017) as plantas de figo necessitam de uma média de 0,79 - 1,36 L de água por dia para uma boa produtividade, no entanto isto depende dos factores climáticos no local da cultura.

Para avaliar a fenologia das plantas e vitroplantas da variedade de figo "Bellavista" e o efeito do défice hídrico induzido, foram considerados 2 factores, o primeiro foi o tipo de planta, que tem 2 níveis (vitroplanta e estaca), e o fator níveis de rega, cujos 3 níveis são (100 % da Etc (rega total), 75 % da Etc e 50 % da Etc.

Tratamento	Fator A (lâmina de irrigação) mm-dia^{-1}	Fator B (tipo de planta)
1	2.3	*In vitro*
2		Estaca
3	1.7	*In vitro*
4		Estaca
5	1.1	*In vitro*
6		Estaca

A irrigação foi feita por um sistema de rega gota a gota com emissores com um caudal de 8 L● e um espaçamento de 30 cm entre emissores. h^{-1} e espaçamento de 30 cm entre emissores.

A rega foi efectuada com um intervalo de 5 dias abrangendo a respectiva lâmina de rega de cada nível, o que equivale a:

Nível 1, 100%, 2,3 mm/dia= 1:06 horas de irrigação a cada 5 dias

Nível 2, 75%, 1,7 mm/dia= 58 minutos de irrigação a cada 5 dias

Nível 3, 50%, 1,1 mm/dia= 29 min de irrigação de 5 em 5 dias

5.6. Variáveis a avaliar

Número de rebentos: Foi contado o número de rebentos emitidos pela planta desde a poda

Dias até à germinação. Foram contados os dias desde a poda até ao aparecimento do primeiro rebento em cada planta.

Aparecimento da terceira folha. Foi registada a data de aparecimento da terceira folha completamente desenvolvida.

Emergência da quinta folha. Foi registada a data de aparecimento da quinta folha completamente desenvolvida.

Total de dias até à terceira folha. Foram contados os dias desde a poda até ao aparecimento da terceira folha em cada planta.

Total de dias até à quinta folha. Foram contados os dias desde a poda até ao aparecimento da quinta folha em cada planta.

. Comprimento e diâmetro dos rebentos. Os caules produtivos foram medidos de 15 em 15 dias com uma fita métrica e um vernier digital. O comprimento foi medido da base de cada caule até a outra extremidade ou ponta. O diâmetro foi considerado abaixo do entrenó mais próximo da base.

Aparecimento do primeiro sicónio por caule produtivo. A data de aparecimento do primeiro sicónio em cada ramo produtivo foi registada, bem como o número de dias decorridos desde a poda.

Graus de Desenvolvimento Dia (GDD).). Os graus-dia de desenvolvimento foram calculados para as variáveis brotação, dias para a terceira folha, dias para a quinta folha, dias para o primeiro sícone, utilizando o método residual e uma temperatura base de 13 °C (Wilson e Barnett, 1983).

$$GDD_R = ((TM+Tm)/2)-Tb$$

Onde: GDD_R = grau dia de desenvolvimento do método residual (°C dia):

TM= temperatura máxima diária (°C):

Tm= temperatura mínima diária (°C):

Tb= temperatura limite mínima (°C).

5.7. Análise estatística

Com base nos dados obtidos, foi efectuada uma análise de variância (ANDEVA) e uma comparação múltipla de médias de Tukey ($P<0,05$) utilizando o pacote Statistical Analysis System versão 9.0 (SAS).

Efeito do tipo de planta e do défice hídrico induzido na cultura do figo.

O Quadro 1 apresenta o resultado da análise estatística para as respostas das plantas de figo ao tipo de propagação (Fator A; níveis de rega deficitária), e o efeito do tipo de planta (Fator B; tipo de planta; vitroplanta e estaca) para as variáveis diâmetro e comprimento do rebento.

O quadro mostra que para a variável comprimento de rebentos em relação ao fator A (nível de rega) as 3 primeiras datas de medição (39, 56, 73 dias após a poda) não apresentaram diferenças significativas, enquanto que nas datas seguintes (91, 107, 125 dias) foram encontradas diferenças significativas, e aos 141 e 160 dias foram encontradas diferenças altamente significativas. Daqui se pode inferir que o efeito do fator níveis de rega teve um início tardio, no entanto, nas datas finais o seu impacto foi muito significativo para o comprimento dos rebentos da figueira. Quanto ao diâmetro e ao fator lâmina de rega, verificaram-se diferenças significativas e altamente significativas a partir dos 56 dias de avaliação, tendo os níveis de rega tido um efeito ligeiramente superior no diâmetro, no entanto, para ambas as variáveis verificou-se uma diferença significativa na maior parte do desenvolvimento das plantas de figo.

O fator B (tipo de planta) teve um efeito sobre o comprimento do rebento em quase todas as datas, sendo a data 1 (39 dias) a única sem diferença significativa, enquanto as datas 2 e 3 tiveram uma diferença significativa e as datas 4, 5, 6, 7 e 8 tiveram diferenças altamente significativas. Tal como no fator A, o fator B, embora em menor grau, teve um início tardio para a variável comprimento do rebento, mas ao contrário do fator A, o fator B tem mais datas com uma diferença altamente significativa.

O impacto do fator B sobre o diâmetro dos rebentos foi de longe o mais importante, uma vez que se verificou uma diferença muito significativa em todas as datas de medição. Pode dizer-se que o tipo de planta teve uma influência muito significativa no diâmetro desde a poda até à última medição.

Deve-se notar que na interação de ambos os fatores (A* B) não houve diferença significativa em nenhuma das 8 medições feitas para as variáveis de diâmetro e comprimento do fruto, portanto, deve-se supor que, individualmente, cada fator gera diferenças significativas e altamente significativas na maior parte do desenvolvimento dos brotos, porém a interação de ambos tem um efeito praticamente nulo no diâmetro e comprimento dos brotos das plantas de figo. Rodríguez et al. (2016)

As plantas in vitro em diferentes formas de produção não tiveram a resposta esperada, pelo que é essencial experimentar estabelecendo sistemas agronómicos que nos permitam obter mais material vegetal alternativo (Rodríguez et al., 2016).

Os resultados do fator B (tipo de planta; vitroplanta e estaca) mostraram grandes resultados ao nível da parte vegetativa, apresentando diferenças altamente significativas em todas as medições efectuadas, pelo que esta parte da investigação pode dar origem ao facto de existirem formas de melhorar a produção de vitroplantas, quer na parte produtiva, quer, como é o caso, na parte vegetativa.

Tabela 1. Quadrados médios e grau de significância para as variáveis comprimento e diâmetro em 8 datas de medição para o impacto do tipo de planta e do induzida pela irrigação por gotejamento.

F. V		A	B	A*B	Erro
GL		2	1	2	18
L1		15.17NS	8.27NS	2.52NS	19.46
D1	39 dias	0.89**	4.38**	0,16NS	0.15
L2		12.84NS	243.46*	8.66NS	59.44
D2	56 dias	0.99*	11.99**	0,42NS	0.428
L3		205.68NS	789.59*	79.89NS	126.68
D3	73 dias	1.43*	16.55**	0,33NS	0.76
L4		717.15*	1691.92**	285.35NS	199.9
D4	91 dias	2.11NS	27.9**	0,77NS	1.20
L5		1521.87*	3067.95**	591.22NS	299.58
D5	107 dias	4.06NS	43.65**	1.34NS	1.81
L6		2094.75*	4283.75**	722.85NS	370.52
D6	125 dias	10.29*	61.76**	1.98NS	2.52
L7		3436.98**	5430.94**	957.83NS	476.49
D7	141 dias	12.95*	73.15**	2.33NS	3.08
L8		5909.96**	6713.41**	1226.98NS	610.15
D8	160 dias	17.15*	89.35**	2.84NS	3.88

FV: Fontes de variação, GL: graus de liberdade, Variáveis; D: diâmetro do caule; L: comprimento do caule, ** altamente significativo a P < 0,01, *significativo a P < 0,05 e NS: não significativo.

A figura 2 mostra o crescimento longitudinal médio dos rebentos das plantas de figo e das vitroplantas durante 8 datas de medição sujeitas a 6 tratamentos. Após 39, 56 e 73 dias da poda e considerando a comparação de médias, não houve diferença significativa de uma data para outra. A partir da quarta data (91 dias), o tratamento dois (estacas com 2,3 mm/dia^{-1} de lâmina de irrigação) foi o mais desenvolvido com um comprimento médio de 64,3 cm, 47% mais longo que as vitroplantas sob a mesma lâmina de irrigação (33,72 cm). Esta tendência manteve-se durante as datas de medição seguintes, atingindo uma altura total de 118 cm. Por outro lado, o tratamento com menor crescimento foi o número cinco, com uma altura final de 31,46 cm, 73,3 % inferior ao melhor tratamento (T2).

Pode-se observar claramente que os 3 tratamentos envolvendo vitroplantas são os que apresentaram menor crescimento nas medições realizadas, pode-se inferir que, à medida que a lâmina diminui, o comprimento dos brotos diminui da mesma forma, apesar de não ser estatisticamente significativo, observa-se que o T1 teve um comprimento final de 56,43 cm, enquanto o tratamento T5 foi de 31,46 cm, uma diminuição de 44,2 %.

Por outro lado, os 3 tratamentos com plantas propagadas por estaca apresentam um crescimento superior ao das vitroplantas em cada uma das 8 datas de medição. Como já foi referido, o tratamento 2 (estaca + 2,3 mm/dia) foi o que registou o crescimento mais rápido, com um comprimento final de 118 cm, o que se traduz num aumento de 123,8% de crescimento em relação ao tratamento 6, que registou um comprimento de 47,60 cm.

Este comportamento já foi referido por *(Hronkova et al., 2003; Nuñez-Ramos et al., 2020)* que escrevem que, no processo de propagação, as plantas in vitro podem desenvolver-se de forma anormal em termos de morfologia e fisiologia, o que não acontece *ex vitro*.

Lombardini e Rossi (2019) mencionam que o estresse hídrico afeta diferentes processos bioquímicos e de desenvolvimento nas plantas, como diminuição da fotossíntese (Sperlich et al. 2016), mudanças nas relações hídricas *(Yousfi et al. 2016)*, redução da divisão e crescimento celular (*Avramova et al. 2016*), bem como o acúmulo de açúcares, esses fatores desempenham um papel importante na redução da produtividade. Isso pode confirmar o que aconteceu em plantas submetidas a um déficit hídrico, já que em lâminas de irrigação de 1,7 e 1,1 mm, observou-se que as plantas tiveram um menor crescimento que derivou da divisão celular e do crescimento.

Altamirano (2022), ao submeter plantas de figo da variedade 'Black Mission' a um déficit hídrico, verificou comprimentos de brotos entre 140 e 180 cm após 150 dias do ciclo de cultivo, sendo os menores valores para aquelas que foram supridas com 50 % de sua necessidade hídrica, Estes resultados estão parcialmente de acordo com os encontrados nesta investigação, uma vez que quando a lâmina de irrigação foi reduzida em 50 %, o crescimento dos rebentos foi significativamente reduzido até 40 % no caso das plantas propagadas por estacas, enquanto as vitroplantas foram mais afectadas com uma diminuição de 55. 7 % (entre os tratamentos 1 e 5). Isto está de acordo com o que é descrito por Lombardini e Rossi (2019) que o primeiro sintoma causado pelo défice hídrico é a perda de turgor, que causa uma redução no tamanho das células e uma redução no crescimento dos rebentos.

Figura 2. Comprimento dos rebentos das plantas de figo e das vitroplantas com défice hídrico

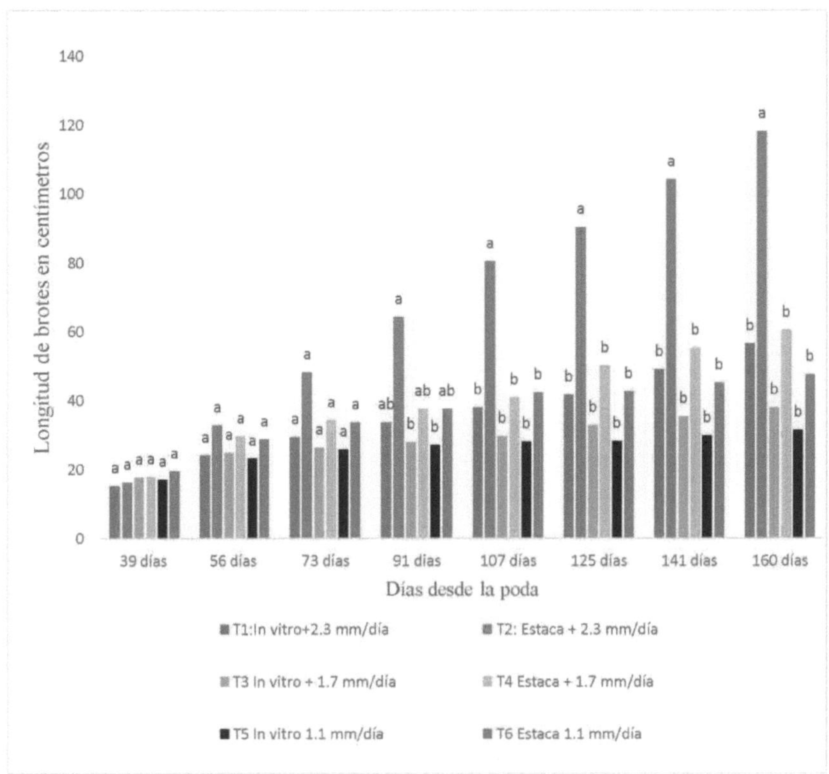

induzida pela irrigação por gotejamento.

A figura 3 mostra o crescimento do diâmetro do caule dos rebentos das plantas de figo e das vitroplantas durante 8 datas de medição sujeitas a 6 tratamentos.

Os diâmetros são diferentes dos comprimentos, uma vez que nas 3 primeiras datas se observam diferenças significativas entre os tratamentos.

Na data 1 (39 dias) o T6 (estaca + 1,1 mm/dia) é o tratamento com maior diâmetro médio com 4,6 mm, enquanto o menor é o T1 (vitroplanta + 2,3 mm/dia) com 2,6 mm.

Na segunda data de medição, o T2 (estaca + 2,3 mm/dia) apresentou o maior diâmetro médio com 6,1 mm, um aumento de 50% em relação à data anterior (data 1), enquanto o tratamento com menor crescimento foi o T5 (in vitro + 1,1 mm/dia) com um diâmetro médio de 4 mm, apresentando apenas um aumento de 5% em relação à data 1. Esta tendência manteve-se em todas as datas seguintes, sendo o T2 (estaca + 2,3 mm/dia) o que registou o maior diâmetro, atingindo um diâmetro médio final de 13,8 mm, 40% superior, em relação ao T2, tratamento com vitroplanta e a mesma lâmina de rega.

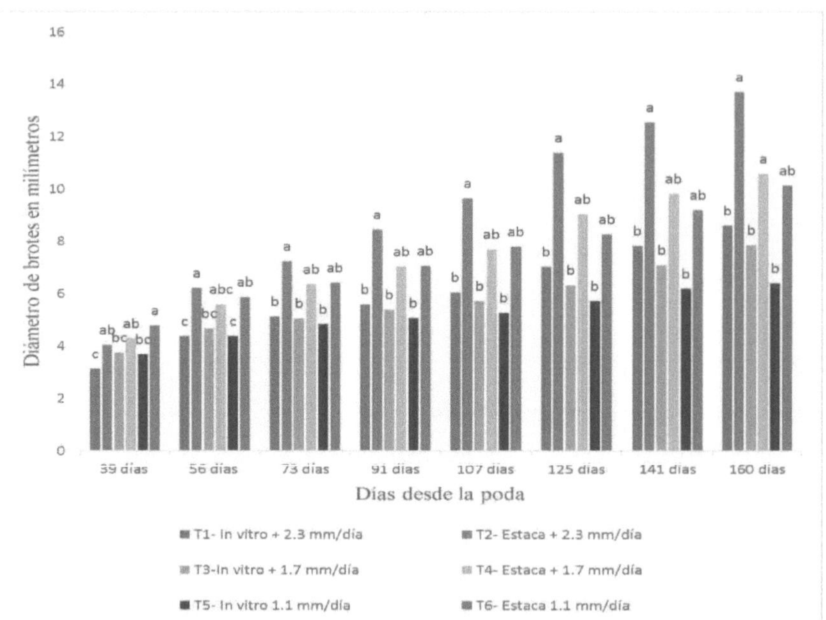

Figura 3. Diâmetro dos rebentos das plantas de figo e das vitroplantas com défice hídrico induzida pela irrigação por gotejamento.

Como ocorreu no comprimento, os 3 tratamentos com estacas foram superiores aos 3 tratamentos com vitroplantas, o que pode indicar que ao reduzir a lâmina, o diâmetro dos rebentos também diminui, pelo que, embora não haja diferença estatística significativa, o T1 teve um diâmetro final de 8,3 mm, enquanto o tratamento T5 foi de 6,2 mm, uma diminuição de 26%. Isto está de acordo com (Kulkarni e Pharkle, 2009) que afirmam que o défice hídrico afecta negativamente o desenvolvimento da área foliar ao restringir a área disponível para os processos fotossintéticos, o que resulta numa redução da biomassa aérea. No entanto, é de salientar que, apesar de os tratamentos com défice hídrico apresentarem um menor desenvolvimento vegetativo, este não é o único fator, uma vez que o tratamento de plantas propagadas por estaca com o nível de rega mais baixo é superior ao tratamento de plantas cultivadas em vitro com o nível de rega mais elevado. Daqui podemos inferir que os tratamentos com vitroplantas foram mais afectados pelo tipo de propagação do que pelo défice hídrico.

O quadro 2 apresenta a análise de variância para o efeito de 3 níveis de irrigação (Fator A); 2.3 mm, 1,7 mm, 1,1 mm) e tipo de planta (Fator B; in vitro e estaca), dos graus dias de desenvolvimento para quatro estádios fenológicos (rebentação, terceira folha, quinta folha, primeiro fruto) e do número de frutos.

Os graus-dia acumulados até à germinação apresentaram diferenças altamente significativas para ambos os factores A e B, enquanto a interação dos dois não apresentou diferenças significativas. Os graus-dia até a terceira folha apresentaram diferenças altamente significativas para ambos os fatores. Quanto aos graus-dia até à quinta folha, o fator A apresenta uma diferença altamente significativa.

Em relação às variáveis de frutos, tanto no grau dias de desenvolvimento do primeiro fruto

(GDF) quanto no número de frutos (NF), não houve diferença significativa para o fator A e quanto ao fator B houve diferença altamente significativa para ambos os casos, a interação entre os fatores também não apresentou diferença significativa.

É de notar que em nenhuma fase se verificou uma diferença significativa para a interação entre factores, o que indica que os factores têm um efeito sobre os graus-dias de desenvolvimento separadamente, mas não em conjunto.

Tabela 2. Quadrados médios e níveis de significância para as variáveis de graus-dia de desenvolvimento desde a poda.

F V	G L	GDB	GD3	GD5	GDF	NF
A	2	6239.64**	2436.16**	7739.83**	456069NS	0,28NS
B	1	8886.57**	11288.77**	13249.77*	17654296**	22.49**
A*B	2	32.45NS	11.4NS	380.52NS	57842.4NS	0,177NS
Erro	18	562.90	254.49	949.78	291380.46	0.795
Total	23					
CV	18	12.06	4.52	6.14	23.94	44.53

FV: fontes de variação, CV: coeficiente de variação, GL: graus de liberdade, ** altamente significativo a P < 0,01, *significativo a P < 0,05 e NS: não significativo, GDB graus dias para a brotação, GD3 graus dias para a terceira folha, GD5 graus dias para a quinta folha, GDF graus dias para o primeiro fruto, NF número de frutos.

A Tabela 3 apresenta a comparação múltipla de médias para os 6 tratamentos em relação às variáveis graus-dia de desenvolvimento entre os estádios fenológicos. As plantas *in vitro* com maior lâmina de irrigação (T1) mostraram ser o melhor tratamento para as 3 variáveis GDB, GD3 e GD5, ou seja, o T1 é o tratamento que gera maior precocidade no cumprimento dos estádios fenológicos da figueira, foram acumulados 153, 311 e 451 graus-dia respetivamente, enquanto o tratamento 4 foi o que necessitou de um maior acúmulo de graus-dia (214, 377 e 537 respetivamente). Relativamente ao início do ciclo reprodutivo, o tratamento 2 (Estaca + 2,3 mm/dia) foi o que necessitou de menor acumulação de graus-dia (1272 GD) em comparação com o tratamento 5 onde nesta fase, apesar de ter acumulado 3247 GD até à última data de estudo, não ocorreu a formação de botões florais.

Ao analisar os dados obtidos para as vitroplantas de figo, observa-se que a brotação das plantas foi afetada pela lâmina de rega, já que ao aplicar 2,3 mm de rega esta fase necessitava de uma acumulação de 153,6 GD, enquanto que para a rega deficitária (1,1 mm) necessitava de 206 GD, o que se traduz num aumento de 17 %. Esta tendência reflectiu-se nos estádios fenológicos seguintes. Quanto às plantas provenientes de estacas, o seu comportamento foi semelhante ao das vitroplantas, com a lâmina de rega mais elevada a exigir uma menor acumulação de GD, por exemplo, para o aparecimento do primeiro fruto, o tratamento 2 (2,3 mm de lâmina de rega) acumulou 1272,1 GD, enquanto o tratamento 6 (1,1 mm) exigiu uma acumulação de 1612,7 GD, sem apresentar diferenças significativas. 7 GD, sem apresentar diferenças significativas entre os tratamentos.

Da mesma forma, para as 3 variáveis de GDB, GD3 e GD5, as plantas propagadas por estaca com a lâmina de irrigação mais baixa (T6) mostraram ser o último tratamento a atingir seus estágios fenológicos.

Altamirano (2022) ao quantificar os graus-hora de crescimento da variedade 'Black Mission' para dois níveis de irrigação, constatou que as plantas acumularam cerca de 1100 a 1200 graus-hora para atingir o estágio reprodutivo e encontrou diferenças significativas naquelas plantas que foram submetidas a um déficit de 50 %, sendo que estas últimas foram as que necessitaram de menor acúmulo de graus-hora para atingir este estágio. Embora, em geral, a variedade 'Brown Turkey' avaliada nesta pesquisa tenha exigido um maior acúmulo de GD, entre 1272,1 e 1612,7 para o caso de plantas obtidas por estacas, os resultados contrastam com os encontrados por este autor, uma vez que foram as plantas submetidas a um déficit hídrico semelhante (50 %) que exigiram um maior acúmulo de GD para entrar no estágio reprodutivo. Outros autores, como Ricardez (2020), ao avaliarem a duração dos estádios fenológicos de *Capsicum annum* var. *glabriusculum* submetidas a um défice hídrico (50 %

CC), observaram que estas tiveram uma duração superior às que cresceram com a quantidade de rega necessária, o que é semelhante ao que encontrámos nos figos, onde os estádios fenológicos avaliados foram mais tardios nas plantas submetidas a défice hídrico.

Em relação à variável número de frutos, ambos os tratamentos 3 (*in vitro* + 1,7 mm/dia) e 5 (*in vitro* 1,1 mm/dia) não apresentaram frutos até a instância estudada, enquanto o tratamento 2 (Stake + 2,3 mm/dia) apresentou o maior número médio de frutos com 10 frutos. Rivera-González et al. (2019) ao avaliar o rendimento e seus componentes em figos submetidos a déficit hídrico, encontraram diferenças no número de frutos por planta, sendo aqueles que foram submetidos a irrigação deficitária de 75 e 50 % aqueles que apresentaram maior número de frutos por planta (125, 89 frutos, respetivamente) em comparação com aqueles que receberam irrigação total (84 frutos), resultados que concordam parcialmente com os obtidos neste trabalho onde não foram encontradas diferenças estatísticas para esta variável.

Galindo et al (2018) mencionam que a irrigação deficitária maximiza a produtividade por unidade de volume de água aplicada, mas não a produtividade por unidade de área.

Tabela 3. Comparações múltiplas de médias para graus-dias de desenvolvimento e estádios

condições fenológicas para o tipo de propagação e níveis de irrigação.

Tratamento	GDB	GD3	GD5	GDF	NF
T1- In vitro + 2,3 mm/dia	**153.6 c**	**311.56 d**	**451.14 c**	2872.7 a	0.25 a
T2- Estaca + 2,3 mm/dia	187,63 bc	355,9 abc	485,45 abc	**1272.1 b**	10 a
T3- In vitro + 1,7 mm/dia	172,26 bc	332,57 cd	475.78 a.C.	3215.8 a	**0 a**
T4- Estaca + 1,7 mm/dia	214.3 ab	377,68 ab	537,46 ab	1305.1 b	**9.5 a**
T5- In vitro 1,1 mm/dia	206,58 abc	348 cb	507,4 abc	**3247.4 a**	**0 a**
T6- Estaca 1,1 mm/dia	**245.83 a**	**388.65 a**	**552.39 a**	1612. 7b	7.75 a
C. V	12.06	4.52	6.14	23.94	44.53
DMS	53.31	35.85	69.25	1213	11.85

DMS: diferenças mínimas significativas honestas, C.V: coeficiente de variação, GDB: graus-dia para a brotação, GD3: graus-dia para a 3ª folha, GD5: graus-dia para a 5ª folha, GDF: graus-dia para o primeiro fruto, NF: número de frutos. Médias com a mesma letra na direção da coluna são iguais de acordo com o teste de Tukey a P < 0,05.

VII. CONCLUSÕES

O tipo de propagação e o défice hídrico induzido com 3 níveis de irrigação afectam o comprimento do caule e o efeito de ambos é individualmente significativo, enquanto a sua interação é praticamente nula.

Os graus-dia de desenvolvimento são determinados pelo tipo de propagação e pelo nível de rega aplicado, sendo as vitroplantas com maior nível de rega as que apresentaram uma maior precocidade no cumprimento dos estádios fenológicos e que também tendem a ter uma menor exigência de graus-dia de desenvolvimento.

O desenvolvimento dos frutos e o número de frutos é maior nas plantas propagadas por estacas, enquanto que nas vitroplantas é quase nulo neste sistema de produção.

Para um maior número de frutos e um maior vigor vegetativo, a melhor opção para o sistema de produção intensivo são as plantas propagadas por estaca com 100% das necessidades de rega.

Para gerar maior precocidade nos estádios fenológicos, com menor número de graus-dia de desenvolvimento, o ideal seria produzir com vitroplantas e 100% da demanda hídrica da cultura do figo.

VIII. LITERATURA CITADA

Allen R. G., M. E. Jensen, J. L. Wright e R. D. Burman. 1989. Operational estimates of reference evapotranspiration (Estimativas operacionais da evapotranspiração de referência). Agronomy Journal 81:650-662.

Altamirano J. G. Respostas ecofisiológicas e produtividade da água de irrigação em figueira *(Ficus carica* L) 'Black Mission' sob condições de sombreamento e irrigação salina controlada por divisão de raízes. Dissertação de Mestrado. Programa de Mestrado em Plasticultura. Saltillo, Coahuila, México. 65 p.

Avramova V., Sprangers K., Beemster, GTS The maize leaf: another perspective on growth regulation. Tendências em Ciência das Plantas . 20,787-797 (2015).

Costa A. 2019. A figueira. Árvore de fruto mediterrânica para climas quentes. Madrid, Espanha: Ediciones Mundi-Prensa.

Cross H. Z. e M. S. Zuber. 1997. Previsão de datas de floração em milho com base em diferentes métodos de estimativa de unidades térmicas. Agronomycal Journal 64: 351-355.

De Cara G. J. A., C. Ruiz L. e A. Mestre B. 2007. Adaptação do código BBCH à observação fenológica da AEMET. Revistas Científicas AME. 30: 1-7

De Soua A. l.P. 2013. Manejo da irrigação na figueira-da-índia *(Ficus carica* L.) utilizando o balanço hídrico no solo. Dissertação (Mestrado em Agronomia, Ciência do Solo. Instituto de Agronomia Departamento de Solos. Universidade Federal Rural. Rio de Janeiro

Demiralay A, Yalçin-Mendi Y, Aka-Kaçar Y, Çetiner S. 1998. Propagação in vitro de *Ficus carica* L. var. Bursa Siyahi através de cultura de meristemas. Ata Hortic 480:165-

167

Elias C. F. e S. F. Castellví. 2001. Agrometeorologia. 2 ªed. Mundi-Prensa. Madrid, Espanha. 517 p.

El-Shazly S. M. Mustafa N. S. e El-Berry I. M. 2014. Avaliação de algumas cultivares de figo cultivadas sob condições de estresse hídrico em solos recém-recuperados. Middle-East J. Sci. Res. 21(8):1167-1179.

FAO (Organização das Nações Unidas para a Alimentação e a Agricultura). 2000. Agricultura: Glossário de termos relativos à humidade do solo. Departamento Económico e Social, FAO, Roma. Online: https://www.fao.org/es/#data/QBF. Acedido em: 10/09/23.

FAO (Organização das Nações Unidas para a Alimentação e a Agricultura). 2011. Orientação para as responsabilidades políticas para a intensificação sustentável da produção agrícola dos pequenos agricultores. Online: https://www.fao./es/#data/QCL. Acedido em: 07/09/23.

FAO (Organização das Nações Unidas para a Alimentação e a Agricultura). 2018. Estatísticas de produção de figos. Online: https://www.fao.org/faostat/es/#data/DBE. Acedido em: 10/09/23.

FAO (Organização das Nações Unidas para a Alimentação e a Agricultura). 2006. Evapotranspiração das culturas. Diretrizes para a determinação das necessidades hídricas das culturas. In Fao irrigation and drainage study. https://doi.org/M-56 Acesso em 07/09/23

FAOSTAT (Organização das Nações Unidas para a Alimentação e a Agricultura). 2020. Produção de figo no México. Online: https://www.fao.org/faostat/es/#data/QCL.

Acedido em: 15/09/23.

Fischer R.A. R. Maurer. 2012. Resistência à seca em cultivares de trigo de primavera. l: Resposta de rendimento de grãos. Aust. J. Agric. Res. 29:897-912.

Flaishman M. A. Rodov V., Stover E. 2002. The fig: botany, horticulture and breeding. Horticultural Reviews-Westport, Nova Iorque, 34:113.

Flores A. 1990. La higuera. Mundi-Prensa. Madrid. 190 pp.

Galindo, A., Collado-González, J., Griñán, I., Corell, M., Centeno, A., Martín-Palomo, MJ, Girón, IF, Rodríguez, P., Cruz, ZN, Memmi, H. , Carbonell-Barrachina, AA, Hernández, F., Torrecillas, A., Moriana, A., & López-Pérez, D. 2018. Irrigação deficitária e culturas frutíferas emergentes como estratégia para economizar água em agrossistemas mediterrâneos semi-áridos. *Gestão da Água Agrícola, 202*,311-324.

Gárate M. 2010. Técnicas de propagação por estacas. Tese em Engenharia Agrónoma. Ucayali, Peru, Universidade Nacional de Ucayali. 42p.

Hidroponia 2015. Importância da cultura do figo no México. Artigos agrícolas. México. 4 p.

Hronkova M. H., Zahradnickova M., Simkova P., Simek A., Heydova. 2003. The role of abscisic acid in acclimation of plants cultivated in vitro to ex vitro conditions. Biologia Plantarum 46: 535-541.

INTAGRI (Instituto de Inovação Tecnológica na Agricultura). 2020. Produção de figos no México. Série Frutales, Nº 60, Artigos Técnicos INTAGRI. México. 4 p.

Kisley M. E., Hartmann A., Bar-Yosef O. 2006. Os primeiros figos domesticados no Vale do Jordão. Science 312(5778): 1372-1374.

Kulkarni M., S. Pharkle. 2009. Avaliação da variabilidade do tamanho do sistema radicular e das suas caraterísticas constitutivas na pimenta *(Capsicum Annum* L.) sob stress hídrico. Scientia Hortuculturae 120: 159-166.

Lobos G. 2017. Manejo hídrico en frutales bajo condiciones edafoclimáticas de Limarí y Choapa. inia intihuasi La Serena, Chile, Boletín INIA N° 355.

Lombardini L e Rossi L. 2019. Ecohidrologia de terras secas. Agronomía Colombiana, 28(1), 71-79.

Lucero G. 2018. Projeto de um sistema de irrigação usando difusores subterrâneos e seu efeito na ecofisiologia e produtividade da água na figueira *(Ficus carica* L.) Tese de doutorado. Centro de Investigaciones del Noroeste, S.C., La Paz, Baja California Sur. 78 p.

McMaster G. S., e W. Wilhelm. W. 1997. Graus-dia de crescimento: uma equação, duas interpretações. Agricultural and Forest Meteorology 87 (4): 291-300.

McMaster G.S., W. Wilhelm W., A. Morgan J. 1992. Simulação da fenologia do ápice do rebento do trigo de inverno. Jornal de Ciências Agrícolas119: 1-12

Melgarejo P. 2000. A cultura da figueira *(Ficus carica* L). Universidade Miguel Hernández de Elche. Ed. IRAGRA, S. A. Madrid. 112 p.

Melgarejo M. P. 1999. El cultivo de la higuera *(Ficus carica* L.), ed. A. Madrid Vicente, Ediciones, Madrid. A. Madrid Vicente, Ediciones, Madrid. 116 p.

Melgarejo, P. 1996. La higuera. Autor-editor. Orihuela. Madrid Vicente, Ediciones, Madrid 83 pp.

Mendoza R.J., L. 2019. Efeito de três doses de ROOT-HOR no enraizamento de estacas de figueira *(Ficus carica)* em condições de viveiro. Tese de bacharelato. Universidad del Santa, Chibote, Peru. 70 p.

Muñoz V. J. A., M. Palomo R., H. Macías R., M. Rivera G. e G. Esquivel A. 2017. Dinâmica de crescimento fenológico da figueira (*Ficus carica* L.) com altas densidades de plantio em macro-túneis. AGROFAZ 15:133-141.

Nuñez-Ramos J. E., Quiala L., Posada S., Mestanza L., Sarmiento D., Daniels C., Arroyo B., Naranjo K., Vizuete C., Noceda R., Gomez-Kosky. Naranjo K., Vizuete C., Noceda R., Gomez-Kosky. 2020. Respostas morfológicas e fisiológicas de microshoots de tara *(Caesalpinia spinosa* (Mol.) O. Kuntz) a tratamentos de ventilação e sacarose. Biologia celular e do desenvolvimento in vitro 57:

1 -14.

Ortuño M. 2017. Variedades de figueira. Dados para uma correta escolha varietal. Vida Rural. Ano III. N° 27, 92-95.

Pereira C., M. J. Serradilla, A. Martín, M del C. Villalobos, F. Pérez G., e M. López C. 2015. Comportamento agronómico e qualidade de seis cultivares para consumo em fresco. Scientia Horitculturae 185: 121 - 128.

Pereira R., Villa-Nova N., Soares A., Barbieri V. 1995. Um modelo para o coeficiente de panelas classe A. Meteorologia Agrícola e Florestal 76:75- 82.

Prabhakar B. N., S. Halepyati A., B. Desai K. e T. Pujari B. 2007. Cultivo de graus-dia e acumulação de unidades foto-térmicas de genótipos de trigo *(Triticum aestivum* L. e T. *durum Desf.)* influenciados pelas datas de sementeira. Karnataka Journal of Agricultural Sciences 20(3): 594-595.

Pucha M.L.A 2016. Avaliação de nove acessos de figo *(Ficus carica* L.) na estação experimental do austro do INIAP, cantão Gualaceo província de Azuay-Equador. Tese de mestrado. Universidade de Cuenca, Cuenca, Equador. 181 p.

Qadir G., A. Cheema M., F. Hassan, M. Ashraf e M. Wahid A. 2007. Relação entre a acumulação de unidades de calor e a composição de ácidos gordos no girassol. Pakistan Journal of Agricultural Sciences 44(1): 24-29.

Ricardez L. 2020. Efeitos fisiológicos e bioquímicos do stress hídrico em *Capsicum annuum* variedade *glabriusculum.* Dissertação de mestrado em Ciências. H. Cárdenas. Tabasco. México. 80 p.

Rivera G., Delgado R. G., Macías R., Muñoz V. 2016. Determinação das necessidades hídricas da cultura do figo em irrigação por gotejamento e alta população na região de Lagunera. AGROFAZ. Coahuila. México. pp.88

Rodriguez J. e Valdez G. 1999. Irrigação da figueira. Comunidade Valenciana Espanha. Revista Comunidad Valenciana Agraria. pp:33-38.

Rodríguez R., R. Becquer, Y. Pino, D. López, R. Rodríguez, G. Lorente, R. Izquierdo, e J. González. 2016. Produção de frutos MD-2 de ananás *(Ananas comosus* (L) Merr) a partir de vitroplantas. Cultivos Tropicales 37(1): 40-48.

Rojas G. S., García L. J. e Alarcón R. M. 2004. Propagação Assexuada de Plantas. Editorial Produmedios.31 p

SADER (Ministério da Agricultura e do Desenvolvimento Rural). 2019. Morelos é o principal produtor de figos a nível nacional . Enlínea : https://www.gob.mx/agricultura%7Cmorelos/articulos/morelos-principal-productor-de-higo-a-level-nacional#:~:text=Morelos%20é%20o%20principal%20produtor%20do%20boom%20nos%20últimos%20anos. Acedido em: 02/08/2023.

SIAP (Servicio de Información Agroalimentaria y Pesquera). 2019. Anuario Estadístico de la Producción Agrícola Online: https://nube.siap.gob.mx/cierreagricola acedido em: 5 de setembro de 2023.

Sperlich, D., Zhou S., Medlyn B., Sabate S. & Prentice, I. C. (2014). Os impactos do estresse hídrico de curto prazo nas limitações estomáticas, mesofílicas e bioquímicas à fotossíntese diferem consistentemente entre as espécies de árvores de climas contrastantes. Tree Physiology, 34, 1035-1046. doi:10.1093/treephys/tpu072

Tumut S. 2002. Figicultura em NSW. Agfact H3.1.19, primeira edição, setembro de 2002 Julie Brien, Horticultora Distrital, Gosford Division of Plant Industries. https://www.dpi.nsw.gov.au/data/assets/pdf_file/0017/119501/fig-growingnsw.pdf acedido em 11/09/2023.

Valdés G., Escartín, N., Lorente, M., Malagón, J., e Bartual, J. 2009. Avaliação agronómica e caraterização morfológica de materiais de figueira selecionados para a produção de figos em Alicante. Actas de Horticultura (54): 135-138.

Villalobos J. A. M., Rodríguez, M. P., Rodríguez, H. M., González, M. R., e Arriaga, G. E. 2015. Dinâmica fenológica de crescimento da figueira (*Ficus carica* L.) com altas densidades de plantio em macrotúneis. Agrofaz: publicação semestral de pesquisa científica 15(2): 133-141.

Yousfi N., I. Slama e C. Abdelly. 2016. Fenologia, trocas gasosas foliares, crescimento e produção de sementes em populações contrastantes de Medicago truncatula e Medicago laciniata durante défice hídrico prolongado e recuperação. Botânica. 90(2): 79-91.

Printed by Books on Demand GmbH, Norderstedt / Germany